课本里学不到的
疯狂科学 实验

猜想与尝试

段伟文　主编

中国科学技术出版社
·北 京·

图书在版编目(CIP)数据

课本里学不到的疯狂科学实验. 猜想与尝试 / 段伟
文主编. -- 北京：中国科学技术出版社，2022.10
ISBN 978-7-5046-9800-1

Ⅰ.①课… Ⅱ.①段… Ⅲ.①科学实验—青少年读物
Ⅳ.①N33-49

中国版本图书馆CIP数据核字（2022）第164774号

前 言

　　科学素质是公民素质的重要组成部分，也是少年儿童成长为合格公民的必备素质。科学素质的基础是了解必要的科学技术知识，掌握基本的科学方法，树立科学思想，崇尚科学精神。科学素质的培养要从娃娃抓起，为了成长为建设创新型国家的主力军，广大少年儿童不仅要掌握必要的和基本的科学知识与技能，还要积极开展各种生动有趣的科学实验，从中体验科学探究活动的过程，培养良好的科学态度、情感与价值观，将自己造就为具有创新意识、探究兴趣和实践能力的有用之才。

　　科学探究的动力来自人们对自然界与生俱来的好奇心。边缘长满小齿的草叶让鲁班发明了锯，头顶上的浩瀚星空使托勒密和哥白尼想到了宇宙体系，对教堂里吊灯微微摆动的关注使伽利略发现了单摆的等时性，对苹果落地的好奇让牛顿找到了万有引力，对孵小鸡都感到新奇的好奇心让爱迪生给人类带来了电灯、留声机等数以千计的发明。利用自然的力量造福人类的理想，为我们带来了日新月异的科技文明。作为现代文明标志的电话、电视、汽车、计算机，无一不是科技的力量与人类的目标相结合的产物；绿色能源、深海潜水、载人航天的成功，无一不是创新与人类的需要相互激荡的结果。

　　科学并不神秘，更没有什么代表科学力量的"魔法石"，科学的本质在于好奇心和造福人类的理想驱使下的探索和创新。大自然喜欢隐藏她的奥秘，往往不直接回应我们的追问，但只要善于思考、勤于动手、大胆假设、小心求证，每个人都能像科学大师一样——用永无止境的探索创新来开创人类的文明。

　　小朋友，快快翻开这套书，用你们与生俱来的好奇心和造福人类的纯真理想开创一条探索创新之路吧！

目 录

你会制作"隐形墨水"吗？

说到隐形墨水，有的同学可能马上会想到：可以用酸或碱充当墨水写字，晾干后没有颜色；然后用紫甘蓝菜汁喷洒，原来隐形的字就会显现出来了。在这里，我们介绍另一种隐形墨水的做法。

·探索主题·

隐形墨水

搜集资料

到图书馆或上网查找淀粉、碘的相关资料。

提出假说

淀粉溶液遇碘变蓝色。

实验材料

1 5克淀粉

2 1/4杯水（约60毫升）

3 棉签

4 书写纸

5 一小壶碘水（须经老师允许，到实验室领取。注意，该溶液有毒！应在老师的指导下操作）

6 1个容量为250毫升的烧杯

7 酒精灯和三脚架（或微波炉）

安全提示

使用碘水时要小心，应在老师的指导下操作。

· 实验设计 ·

淀粉是我们生活中常见的一种食物，与碘水接触时很快会变成明显的蓝色。所以我们可以用淀粉做成一定浓度的溶液，用棉签蘸取后在柔软的书写纸上写字，晾干后字迹是没有颜色的。然后，在纸上喷洒稀释的碘水，字迹将呈深蓝色，纸张将呈淡蓝色。如果你很喜欢艺术的话，还可以画出很有艺术效果的隐形作品，赶快试一试吧！

· 实验程序 ·

1 先准备好稀释的碘水。一种情况是，老师提供给你的碘水已经是稀释好的，可以直接使用；另一种情况是，你得到的是浓溶液，要将其稀释，需在60毫升的水里加入10滴浓碘水。

2 用烧杯将5克的淀粉和1/4杯（约60毫升）的水混合，并搅拌均匀，然后将其放在三脚架上用酒精灯加热（或是用微波炉加热一分钟左右），至混合物受热沸腾即可。

3 将受热的淀粉混合液取下，让它冷却。

4 用棉签蘸上淀粉混合液在纸上写字并晾干。

5 将稀释的碘水往纸上喷洒，仔细观察纸上字迹的变化，以及纸张颜色的变化。

·实验数据· 观察字迹和纸张的颜色变化

实验过程	实验现象	解 释
字迹的颜色变化		
纸张的颜色变化		

分析讨论

❶ 纸上的字迹变成了什么颜色？它为什么会变色？

❷ 纸张会不会变颜色？为什么？

❸ 除了用淀粉和水做成"隐形墨水"外，你还能用我们生活
中的其他常见材料做成"隐形墨水"吗？

发散思考

❶ 如果我们选用其他的材料做"隐形墨水"，关键是所用的
材料必须含有什么成分？为什么？

❷ 如何把你写的字做成很有艺术效果的作品？

空气有质量吗？

空气有质量吗？在古代，人们认为空气根本没有质量。现在我们在比喻某种东西很轻时，也常说："轻得跟空气一样"。事实上，空气是有质量的，在0℃时，海平面上每立方米空气柱的质量约为1.2千克，一个普通房间里的空气的质量可能为几千克到几十千克，而一个大剧场或大会堂里的空气的质量可达几吨甚至几十吨。今天我们就来做一个实验，来"称一称"空气的质量。

我们空气只是有点"虚胖"。

·探索主题·

空气是否有质量

提出假说

空气虽然看不见，摸不着，可它有质量。

搜集资料

到图书馆或上网查找空气、质量的相关资料。

实验材料

1. 一根粗细均匀的木棍
2. 几根细绳
3. 一把小刀
4. 胶条
5. 尺子、铅笔
6. 橡皮泥

安全提示

使用小刀时应注意安全，不要划伤手指。

·实验设计·

我们用自制的天平来称充气的气球和没充气的气球，若天平发生倾斜，则说明空气有质量，从而验证我们的假说。

· 实验程序 ·

1 自制天平：

（1）找一根粗细均匀的木棍，用尺子量出木棍的中间位置，并在中间位置用铅笔画一条线。

（2）用小刀沿着所画的线在木棍上刻一圈刻痕（注意不要将木棍刻断）。

（3）用一根长度适中的细绳沿着刻痕绕两圈，打个死结，并将细绳的两端也打结系在一起，做成天平的模样。

（4）提起细绳，"天平"应该是平衡的，若不平衡，用橡皮泥加重轻的一端，直至两端平衡为止。一个自制的天平就做好了。

2 用胶带把两个同样大小的气球分别粘在木棍的两端。由于气球质量一样，"天平"应当是平衡的。

3 拿走一只气球，给它充气后，扎紧气球颈口。

4 再把气球粘回木棍的一端，观察会发生什么现象。

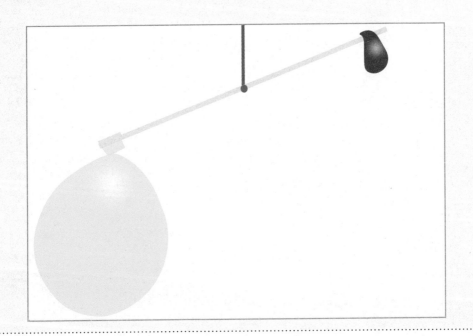

·实验数据·

实验步骤	实验现象	结　论
给气球充气前		
给气球充气后		

分析讨论

① 木棍为什么会倾斜？

② 实验成功的关键是什么？

③ 你能提出哪些改进措施？

发散思考

① 空气既然有质量，为什么我们感觉不到呢？

② 结合现实生活，想一想还有哪些例子可以让你感觉到空气的质量？

你知道吗？

湿空气比干空气重吗？

人们往往以为，湿空气比干空气重。实际上，虽然水的密度比空气大很多，但在空气中的水不是液态水，而是水蒸气。在同温、同压的情况下，相同体积的水蒸气要比空气轻。所以，含有水蒸气的湿空气比同体积的不含水蒸气的干空气轻。

空气有压力吗？

　　既然空气有质量，那么它就应该有压力，下面我们就做一个小实验来感觉一下空气的压力。

告诉你一个小秘密：袋子下面的大气压比上面的大，刚好抵消了空气的质量，我背的只是塑料袋！

我们空气只是有点"虚胖"。

·探索主题·

感觉空气压力

提出假说

空气是有压力的。

搜集资料

到图书馆或上网查找空气、压力的相关资料。

实验材料

1. 一个广口塑料瓶或一个小塑料桶
2. 几个结实的塑料袋（要足够大，能套住瓶口或桶口）
3. 几根橡皮筋或细绳

安全提示

不要用嘴咬橡皮筋或细绳。

·实验设计·

按压充满空气的塑料袋，感觉一下空气的压力。

· 实验程序 ·

1. 将广口塑料瓶放在桌子上。

2. 往塑料袋里装满水，检验它是否漏水，如果漏水需要更换。

3. 将检验过的塑料袋晾干后在空气中挥舞，使它装满空气。然后把它倒扣在塑料瓶瓶口上，用橡皮筋或细绳扎紧。

4. 将塑料袋向塑料瓶内按压。先设想一下会发生什么，做实验时注意有什么感觉。

5. 松开塑料袋，然后把它衬在塑料瓶瓶内壁，使它紧贴在内壁上，并将塑料袋的开口用橡皮筋或细绳紧紧地扎在瓶口。

6. 将塑料袋从塑料瓶中拉出来。先设想一下会发生什么，做实验时注意有什么感觉。

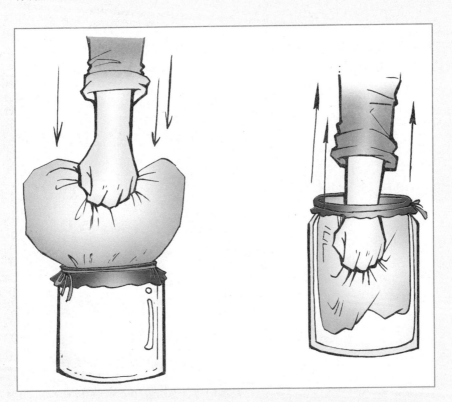

感觉空气压力

实验数据 ·		
实验过程	现象（感觉）	结 论
将塑料袋往里压		
将塑料袋往外拉		

分析讨论

❶ 我们将塑料袋压进塑料瓶或从塑料瓶中拉出塑料袋都会感觉到阻力，这就说明空气是有压力的。在日常生活中，我们也有很多类似的体验，如吹气球、给自行车轮胎打气、给救生圈充气等。你还能想到哪些例子呢？

❷ 你能不能自己设计个小实验来证明空气有压力呢？

发散思考

想一想：既然空气有压力，为什么平时我们感觉不到呢？

你知道吗？

　　大气压到底有多大呢？早在17世纪，意大利的科学家托里拆利就测量出了大气压的值。他把一根长约1米、横截面积为1平方厘米的玻璃管的一端密封，并灌满水银。然后把它倒置插在水银槽里，结果发现只有少部分水银流进水银槽里，而大部分水银仍留在玻璃管里。托里拆利量了一下管内水银柱的高度，大约等于760毫米。

　　为什么水银没有全部流到水银槽里呢？这是由于大气的压力把水银顶住了，也就是说：大气压力等于保持在管子里的水银柱的重力。

大气压——人类的得力帮手

我们都知道大气压力无处不在，那么大气压力对我们的生活有影响吗？事实上，大气压是人类无形的得力帮手。我们用钢笔吸墨水；护士给病人打针；小朋友用吸管喝饮料……在这些过程中，我们都在不知不觉地利用大气压。下面，我们就通过自制的小小抽水机来研究一下大气压是怎样给我们帮忙的。

马德堡半球实验

探索主题

抽水机为什么能抽水

提出假说

空气有压力。

搜集资料

到图书馆或上网查找大气压的相关资料。

实验材料

1 一个配有软木塞的瓶子
2 一支吸管
3 一个水盆
4 一个木夹
5 塑料管

6 火柴
7 水
8 橡皮泥
9 铁丝
10 酒精棉

实验设计

利用空气的压力可以制成小小抽水机。如右图所示，瓶子中的空气受热会膨胀，冷却后空气会收缩，导致瓶中的气压下降。水因受大气压力作用，会通过管子被压入瓶内。

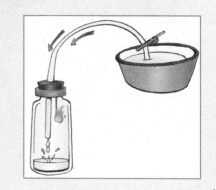

安全提示

1 给软木塞钻孔时不要把手弄伤。
2 点燃酒精棉时一定要注意，不要烫伤手。
3 实验应在家长指导下进行。

· 实验程序 ·

1 在软木塞的中央钻一个小孔，插入吸管后用橡皮泥密封。
2 用软木塞塞紧瓶口。在瓶外吸管的一端套上塑料管。
3 把水盆放在瓶子旁边，在盆内装满清水。
4 将塑料管口浸入水里，用木夹固定在盆边，目的是避免塑料管滑出。
5 打开软木塞，把一根铁丝插入软木塞，将铁丝露在外面的一端弯成小圆圈，放上一团酒精棉（如下图所示）。
6 点燃酒精棉，用软木塞迅速塞紧瓶口。由于瓶子里的空气受热膨胀，我们可以看到插入水中的塑料管口有气泡冒出来。当点燃的酒精棉熄灭后，瓶子里的空气渐渐冷却，且燃烧会消耗掉瓶中的一些空气，此时瓶子里空气的压力小于外面的大气压，水就会通过塑料管被压入瓶中。

抽水机抽水实验

实验过程	实验现象
点燃酒精棉之前	
点燃酒精棉之后	
酒精棉熄灭之后	

分析讨论

1. 水为什么会进入瓶中？

2. 保证实验成功的关键是什么？

3. 酒精棉的大小影响实验结果吗？请通过实验证实自己的结论。

如果用小蜡烛代替酒精棉，实验结果会有什么不同？

发散思考

1. 这台抽水机能不能把盆内的水不断地抽过来，直到灌满瓶子为止？为什么？

2. 通过实验，我们看到了大气压的作用。再想一想，日常生活中有哪些现象与大气压有关？

你知道吗？

在距今三百多年前，德国马德堡市公开做了一次实验，向人们展示了空气压力的威力。当时，马德堡的市长格里克将两个外面带有拉环的、精密的空心铜半球合成一个大球并使之密封，他把铜球里的空气抽掉后，让人在每个半球的拉环上拴上4匹强壮的马，向相反的方向使劲拉。尽管马夫用鞭子拼命地抽打那8匹马，两个铜半球还是分不开，直到最后用了16匹马，才在"轰"的一声巨响中将铜球一分为二。

帮助燃烧的气体——氧气

空气是一种既看不到踪影，又闻不到气味的气体，所以科学家经过很长时间的研究才发现空气不是一种单一的物质，而是由多种成分组成的。其中有一种可以帮助燃烧的气体，科学家把它叫作氧气。下面，就让我们沿着前人的足迹，自己动手验证一下空气中是否含有氧气。

·探索主题·

空气中是否含有氧气

提出假说

氧气是空气的成分之一。

搜集资料

到图书馆或上网查找氧气、氧气的性质、燃烧的相关资料。

安全提示

① 点燃蜡烛时一定要小心！

② 做实验时不要靠火焰太近，也不要在有桌布的桌子上做实验。最好附近有灭火器，以防火灾发生。

③ 实验时需请老师或家长陪同。

实验材料

① 3支完全相同的蜡烛

② 火柴

③ 3个高度相同但容积分别为100毫升、200毫升、300毫升的烧杯

④ 3个浅碟子

⑤ 9枚硬币

⑥ 橡皮泥

⑦ 刻度尺

⑧ 胶带

⑨ 钟表

·实验设计·

氧气具有助燃的作用，离开了氧气，燃烧就不能发生。如果我们能通过实验证明物体燃烧后空气的体积会减少，那么就可以证明空气中含有助燃气体——氧气。

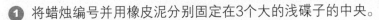

· 实验程序 ·

1. 将蜡烛编号并用橡皮泥分别固定在3个大的浅碟子的中央。

2. 在每支蜡烛周围平放3枚硬币，围成一圈。

3. 分别向3个碟子中加水至3~5毫米深，即刚好淹没硬币。使烧杯能平稳地放在硬币上，且烧杯口刚好接触到水面（如下图所示）。

4. 用胶带把刻度尺固定在烧杯外壁上。

5. 用火柴把蜡烛点燃，同时把烧杯倒扣在燃着的蜡烛上（烧杯口应放在硬币上）。一定要注意，倒扣烧杯时不要让水进入烧杯中。

6. 分别纪录3支蜡烛燃烧的时间。

7. 在燃烧的过程中，你会发现水上升到烧杯里，占据了原来氧气的空间。用尺子测量进入烧杯的水的高度，有趣的现象发生了：3支蜡烛燃烧的时间不同，但是进入烧杯的水的高度几乎相同。

· 实验数据 · 空气中是否含有氧气

编 号	实验现象	蜡烛燃烧时间	水上升的高度	结 论
蜡烛1				
蜡烛2				
蜡烛3				

分析讨论

1 蜡烛在空气里为什么能燃烧?

2 为什么3支相同的蜡烛熄灭的时间不同?

发散思考

1 燃烧需要什么条件?

2 你还能想到用什么方法来证明空气中存在氧气?

3 为什么水上升的高度几乎相同?

你知道吗?

空气成分的发现史

在17世纪中叶以前,人们对空气的认识很模糊。到了18世纪,通过对燃烧现象和呼吸作用的深入研究,才认识到空气的多样性和复杂性。

1772年,英国化学家普利斯特列发现了不能维持生命,可以灭火的气体——二氧化氮。

1774年,普利斯特列制得了氧气,而那时氧气被他称为"脱燃素空气"。

1777年,法国化学家拉瓦锡认识到空气是两种气体的混合物,一种是能助燃、有助于呼吸的气体,并把它命名为"氧",意思是"成酸的元素";另一种不助燃、无助于生命的气体,命名为氮,意思是"不能维持生命"。

1785年,英国化学家卡文迪许通过实验预言:空气中可能还含有新的气体。

百余年后,英国物理学家瑞利和英国化学家拉姆塞发现了"氩",拉丁文原意是"不活动"的意思。

后来,人们又发现了空气中的氦、氖、氪、氙和氡。

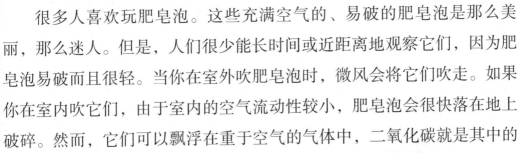

飘浮的肥皂泡

很多人喜欢玩肥皂泡。这些充满空气的、易破的肥皂泡是那么美丽，那么迷人。但是，人们很少能长时间或近距离地观察它们，因为肥皂泡易破而且很轻。当你在室外吹肥皂泡时，微风会将它们吹走。如果你在室内吹它们，由于室内的空气流动性较小，肥皂泡会很快落在地上破碎。然而，它们可以飘浮在重于空气的气体中，二氧化碳就是其中的一种。当肥皂泡进入装满二氧化碳的容器中时，它们将飘浮在容器中，我们就能够近距离地观察它们了。

· 探索主题 ·

二氧化碳的密度

提出假说

二氧化碳的密度比空气大。

搜集资料

到图书馆或上网查找二氧化碳、密度的相关资料。

实验材料

1 1 支吸管

2 1 个敞口的透明玻璃缸 (最好是 1 个稍大点的鱼缸)

3 125 毫克小苏打

4 250 毫升醋

5 1 个浅碟子 (能够放入玻璃缸内)

安全提示

注意不要把玻璃缸打碎。

·实验设计·

二氧化碳的密度比空气大，因此二氧化碳可以在开口向上的玻璃缸中保存很长时间。二氧化碳是无色透明的，我们看不到它，但是可以用肥皂泡来检测它的存在。因为肥皂泡很轻，所以它们可以飘在二氧化碳气体中。

·实验程序·

1. 把玻璃缸放在桌子上。
2. 把浅碟子放入玻璃缸内。
3. 把125毫克的小苏打倒在浅碟子中。
4. 将250毫升的醋倒在小苏打上。小苏打和醋混合后迅速发生反应，产生二氧化碳。
5. 当反应接近尾声时，缓慢地向玻璃缸内吹肥皂泡（注意：不要直接向玻璃缸中吹气，否则会把二氧化碳吹跑）。
6. 观察肥皂泡的运动情况，你会发现，开始时肥皂泡飘浮在玻璃缸内，随着时间的推移，肥皂泡逐渐下沉。

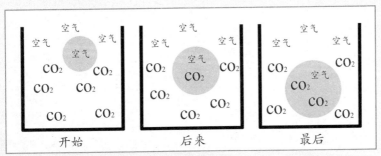

注：二氧化碳的化学式为CO_2。

·实验数据· 二氧化碳的密度比空气大

实验过程	实验现象
把醋加入小苏打中	
把肥皂泡吹入玻璃缸中	
一段时间后	

分析讨论

1 向空气中吹肥皂泡会有什么现象?

2 向充满二氧化碳的玻璃缸中吹肥皂泡会有什么现象?

3 为什么两种情况产生的现象不同?

发散思考

证明二氧化碳比空气重的方法有很多,你能设计出几种方法证明二氧化碳比空气重吗?

气球的妙用

光可以反射和折射，凸透镜对光起会聚作用。把一个放大镜放在阳光下，我们可以看到很亮的一个点，把纸放在亮点处待一段时间，你会看到亮点处的纸烧焦了，此处就是它的焦点。声音也像光一样有反射和折射，如何利用声音的性质，找到声音的"声透镜"呢？让声音也来个大聚会，这样我们是不是就可以听到自然界许多美妙的"浅吟低唱"了呢？觉得很难是不是？其实，一个气球就可以办到。不信？那就亲自来试一试吧！

探索主题

声音的会聚

搜集资料

到图书馆或上网查找有关声音的传播、声速与媒质的资料。

提出假说

声速与传播媒质有关，对于气体而言，气体密度越大，声音在其中的传播速度就越慢。与空气相比，人呼出的气体中含有更多的二氧化碳气体，又因为二氧化碳的分子量更多，因此呼出气体的密度比空气的大。吹气球时，球内的二氧化碳较多，球内外的气体密度差异会使声波在气球球面处发生折射，从而形成会聚，如同光在不同媒质中传播时凸透镜对于光的会聚一样。如果人耳处在会聚点，就能使更多的声音集中到达人的耳朵，声音就由微弱变清晰了。

实验材料

1. 直径为 12 ~ 16 厘米的气球
2. 干冰
3. 塑料饮料瓶
4. 声源（如机械表）
5. 一只氢气球

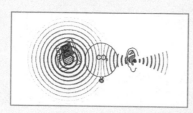

实验设计

在气球里充入二氧化碳（用干冰、二氧化碳气灌或用嘴吹），把它放置在声源和听者之间。比较气球起的作用。

安全提示

1. 二氧化碳气体很容易跑掉，请迅速充入气球内。
2. 氢气球切勿靠近火源。

· 实验程序 ·

1. 在塑料饮料瓶里装入适量的干冰。
2. 将气球套在瓶口，瓶中的干冰会升华为气体充入气球。10～15分钟后，气球内就充满了二氧化碳气体（如果想快一点，可把装干冰的瓶子放在热水中）。等气球充满气体时，把它从瓶口取下扎紧气球口。
3. 让同伴拿机械表（或闹钟、收音机）站在较远处，拿气球的人需让气球对着声源移动，并调节气球与耳朵间的距离，找到声音最清晰的位置。保持耳朵不移位，拿开气球后再尝试倾听，比较差异。
4. 用一只氢气球重复上述实验步骤，观察是否能找到刚才的声音会聚点。

·实验数据·  气球的妙用

实 验 步 骤	现 象
实验1（气球内装二氧化碳）	
实验2 （气球内装氢气）	
实验3 （没有气球）	

分析讨论

为什么充有二氧化碳的气球有会聚声音的作用？

发散思考

❶ 气球的大小对实验有影响吗？

❷ 气球的薄厚对实验有影响吗？

❸ 这个实验的原理有什么实际应用？

风暴马上要来了，我得赶紧回家！

真神奇呀！回家让妈妈也给我买一个气球。

声波吹蜡烛

　　声波是一种常见的自然现象，利用声波的性质可以做很多科学实验。在科技馆中，我们可以看到一种名叫"声波圆舞曲仪"的设备，液体在声波的作用下跳着活泼的舞步。这个仪器的主要部分是一个可以调节频率和音量的扬声器（喇叭）和一个装有液体的封闭的柱形玻璃管。它的工作原理是：使声音从玻璃管的一端传入，再从另一端反射回来，这样声波就会在玻璃管中来回传播。当我们把音量和频率调到一定的大小时，玻璃管中的液体可能会在声波的作用下发生振动，我们就可以看到许多液体小球蹦蹦跳跳地跳起舞来。这个实验说明了声波的存在和它的作用，下面我们来做一个简单的实验，去体会其中的奥妙。

声波圆舞曲仪

·探索主题·

声波振动引起空气振动

提出假说

　　声波圆舞曲仪是利用喇叭的振动产生声波，声波再使空气振动，空气的振动进一步引起了液体的振动。利用这种声波引起的振动，我们可以做些有趣的实验，让声波自己表演。

搜集资料

　　在物理实验室或科普活动场所了解声波的原理和相关仪器的使用。

实验材料

① 一块半圆形纸板（半径 7 厘米）、一块正方形纸板（边长 20 厘米）
② 一块气球膜
③ 一个有圆形框的支架
④ 一支蜡烛

安全提示

① 小心不要被蜡烛烫伤。
② 蜡烛尽量选细的，这样实验效果会好一些。

·实验设计·

　　将声波引起的振动通过有弹力的薄膜传递，造成空气的振动。在这种振动的影响下，点燃的蜡烛会在空气的振动中被吹灭。

·实验程序·

1 将半圆形纸板做成一个圆锥体，在顶部剪一个洞。
2 将正方形纸板卷成一个圆筒，将圆锥体与圆筒连接起来并固定好。
3 在圆筒的另一端蒙上气球膜并固定，将这个纸筒放在支架上。
4 点燃蜡烛，使烛头正对圆锥体的顶部。
5 在气球膜附近拍手，直到蜡烛熄灭。

·实验数据· 声波吹蜡烛

拍手的方式	蜡烛的明灭情况
手离气球膜1厘米	
手离气球膜10厘米	
拍手1次	
连续拍手	

分析讨论

1 手与薄膜的距离远近对蜡烛有什么影响？

2 快速连续拍手时，蜡烛会怎么样？

发散思考

1 为什么要用气球膜？用塑料布可以吗？

2 蜡烛是怎样熄灭的？

声音的好朋友

　　声音的好朋友是谁？当然是可以传播声音的物质——介质了。声音的振动可以通过周围空气、液体和固体向四周传播。空气、液体和固体就是我们所说的介质。如果没有介质，也就是说在真空的状态下，我们是听不到声音的。

　　声音通过介质传到我们的耳朵中。那么，声音的好朋友有那么多，它们在传播声音的时候有没有区别呢？让我们来看看下面这个小实验吧！

我听到你们
的悄悄话了。

· 探索主题 ·

声音的传播介质

提出假说

　　声音从一个地方传到另一个地方需要穿过某种物质，传播声音的物质就叫作传声介质。不同的介质对同一种声音的传播效果是不一样的。分别用空气、液体和固体作为介质，我们会听到很不一样的声音。

搜集资料

　　从物理教科书中查找相关的声学资料。

实验材料

1 一个真空泵
2 一个闹钟
3 一个大玻璃瓶
4 两块坚硬的石头
5 盛满水的水盆
6 两支音叉
7 一块海绵

安全提示

1 敲击石头的时候要避免敲到手。
2 不要把水泼得到处都是，以免滑倒。

· 实验设计 ·

　　把一个闹钟放置在一个瓶子里，倾听闹铃声。当瓶子成为真空的时候，再次听闹铃声，对比两次的结果。同样的，把两块石头在空气中碰撞，与它们在水中碰撞的声音进行对比，会发现声音的大小、特点都有所不同。

实验程序

1 将闹钟设置为两分钟后打铃，把大玻璃瓶倒扣在闹钟上，在瓶口边缘抹上一些凡士林，听听从玻璃瓶里传出来的铃声。

2 再次设置闹钟，放在倒扣的玻璃瓶下。用真空泵抽出瓶内的空气，在瓶口边缘涂抹凡士林。再听听从玻璃瓶里传出来的铃声。

3 在空气中撞击两块坚硬的石头，听听它们的撞击声。

4 把两块石头放在水中互相撞击，再次听撞击声。

5 把两支音叉分别放在海绵和桌子上，用小金属棒敲击音叉，分辨声音的差别。

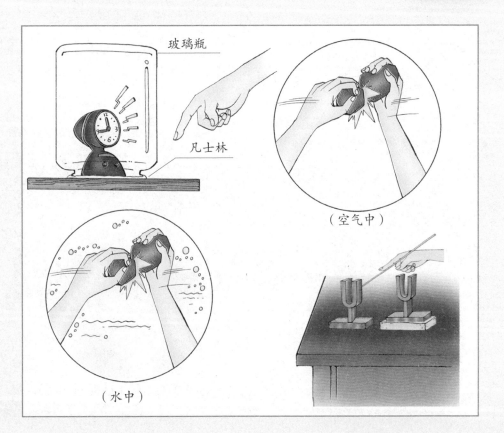

玻璃瓶

凡士林

（空气中）

（水中）

·实验数据· 声音在不同介质中传播

瓶子内	闹钟的声音
有空气	
真 空	
石 块	撞击的声音
在空气中	
在水中	
音叉的垫底	敲击的声音
海 绵	
桌 面	

分析讨论

① 玻璃瓶抽成真空后对闹铃声音的影响是什么？为什么会这样？

② 硬质物体的声音在空气中和水中的传播效果哪个更好？

③ 什么材料的吸音效果更好？

发散思考

① 为什么要在瓶口涂抹凡士林？

② 声音在水中和空气中的传播速度是一样的吗？

光会跟着弯曲的水流走

当今社会是个高度信息化的社会，人们对信息的传递和交流提出了越来越高的要求。传统的电报已经退出了历史的舞台，更快捷、方便的电话、互联网等沟通手段成为主要的信息交流工具。这些信息数据的传输都是通过光纤进行的。那么，为什么在长距离的传递中，信息没有从光缆里泄漏呢？这是利用了光的全反射原理，把作为传递信息的光全部局限在光纤里，而不会泄漏出去。

下面，我们就通过一个简单的水流实验来观察一下光的全反射现象。

探索主题

光的全反射

搜集资料

到图书馆或上网查找全反射、光通信的相关资料。

提出假说

光从光密介质射入光疏介质时，如果入射角大于或等于介质的全反射角，就会发生全反射现象。如果满足全反射条件，在水流里传播的光束就会随着水流的弯曲流动而弯曲。

实验材料

1. 两节 1.5 伏干电池
2. 一个额定电压为 3 伏的小灯泡
3. 一个电键、若干导线
4. 一个凸透镜
5. 两个铁架台
6. 一个支架
7. 一个底部侧面有开口的水杯
8. 一个橡皮塞
9. 一根长 5 厘米，直径稍大于橡皮塞中央孔径的玻璃管
10. 一个水盆
11. 一个毛玻璃光屏
12. 自来水源

安全提示

1. 玻璃制品需要小心使用，以防摔碎。
2. 须家长或老师在场指导。

·实验设计·

　　用电池和小灯泡组成的电路使灯泡发光，以此作为光源。光束经过凸透镜会聚后入射到水杯下方的出水口。从出水口流出的水流由于重力作用，会弯曲流下。在水流下方，用毛玻璃光屏截住水流，可以观察到光斑。

·实验程序·

1 按实验装置图，用导线把电池、电键、灯泡组成串联电路，把灯泡夹在铁架台上。

2 把玻璃管插在橡皮塞中。

3 把橡皮塞塞到水杯的出水口上。注意，不要漏水。

4 将水杯放在支架上，将自来水接到水杯的上方。

5 在灯泡和水杯之间的铁架台上夹上凸透镜，调整两个铁架台和支架的高度，使灯泡、凸透镜、出水口等高。

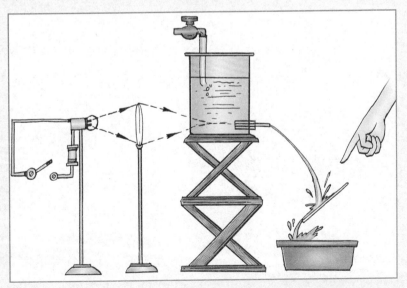

6 用手堵住玻璃管口，往水杯中加入多半杯水，然后松开玻璃管口的手，用盆接住流出的水。

7 同时，调节水龙头开关，使水杯中的水位保持不变，此时水流的一部分呈连续状，还有一部分断开呈不连续状。

8 关闭屋里的大灯，使光线暗下来。

9 用毛玻璃光屏截住弯曲水流的连续部分，观察光屏上有无光斑。

10 用毛玻璃光屏截住弯曲水流的不连续部分，观察光屏上有无光斑。

11 关闭水龙头开关，拆卸实验装置，并打扫卫生。

· 实验数据 ·

实 验 结 果

光屏位置	有无光斑
水流连续部分	
水流不连续部分	

分析讨论

1 什么是光的全反射？

2 水的临界角是多大？

3 凸透镜的作用是什么？

发散思考

1 水流的弯曲程度和观察到的光斑明亮程度有何关系？

2 光纤的工作原理是什么？

大气压力

我们虽然看不到空气，可是它却时时处处围绕在我们周围。我们知道，在游泳池底部时会感到周围的水对我们的挤压，那么，周围的空气是不是也对我们有压力呢？

空气在地球周围流动，受到地球的吸引力，空气内部向各个方向都有压力，大气对浸在它里面的物体产生的压力叫作大气压力。

我们常常听到"大气压"这个词，它指的是物体单位面积上受到的大气压力，也就是大气压强。高原病就是由于高原地区的大气压太低，空气太稀薄引起的。

下面我们就用一个实验证实大气压力的存在，也感受一下大气的压力。

· 探索主题 ·

大气压力

搜集资料

到图书馆或上网查找大气压力、大气压强的相关资料。

提出假说

大气对浸在其中的物体都产生压力的作用。

实验材料

1. 一个玻璃瓶
2. 一个打火机
3. 一小张纸

安全提示

1. 用火时应注意安全，不要烫伤自己或引燃其他东西。
2. 用手掌盖热的玻璃瓶时，为了避免烫伤，要在手掌上蘸些水。
3. 小心玻璃瓶摔碎导致外伤，建议在家长指导下进行。

·实验设计·

　　空气受热会膨胀。先让玻璃瓶里面的空气受热膨胀，溢出一部分。这时立即用手掌将瓶口盖住，纸条燃烧会消耗瓶内的空气，等玻璃瓶冷却下来后，玻璃瓶外面的大气压力就会把玻璃瓶压得贴在手上，玻璃瓶就可以随手一起运动了。

·实验程序·

①　把玻璃瓶放在桌上，用手按住瓶口，抬手时，看看玻璃瓶会不会跟着手运动。

②　把纸拧成松松的小纸条，用打火机将它点燃后投进玻璃瓶里。

③　让小纸条在瓶中燃烧一会儿后，在手掌上蘸些水，然后紧紧地盖住瓶口。

④　等火焰熄灭后，抬抬手，看看会有什么感觉。

⑤　轻轻地抬升和运动吸着玻璃瓶的手。但要注意，不要抬得太高，悬空的时间也不要太长，以免玻璃瓶掉下来摔碎。

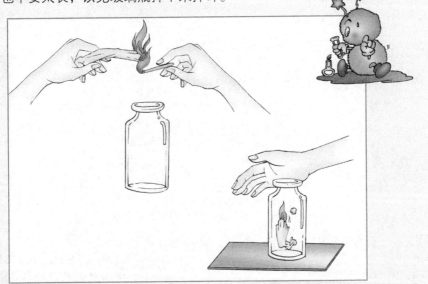

·实验数据· 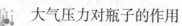 大气压力对瓶子的作用

实验时间 \ 实验现象	手的感觉	杯子是否随手运动
开 始 时		
燃纸排气后		

分析讨论

❶ 实验时为什么要先在手掌上蘸些水?

❷ 小纸条燃烧一会儿后,压在瓶口的手掌怎么了? 为什么?

❸ 如果实验中将小纸条投入瓶中,但是不点燃,瓶子会不会被吸在手掌上?

发散思考

❶ 如果等瓶子里的火自然熄灭后再用手掌盖住瓶子,会有什么情况发生? 为什么?

❷ 中医疗法中的"拔火罐"利用了什么原理?

❸ 想一想,有没有其他方法能够证明大气压力的存在?

空气对流

　　为什么暖气片只装在屋子的一角，整间屋子都会热起来？这是因为暖气片周围的空气受热膨胀变轻后会上升。这时，其他地方的冷空气就要补充过来，这就形成了空气的对流。正是这种空气的对流使整间屋子都热了起来。

　　空气对流也会影响天气。下雨、刮风都与空气对流有关。狂风暴雨、龙卷风等天气就往往是冷暖空气相撞引起的强对流天气。生态环境恶化、植被破坏严重、地表的热效应增加等很容易导致强对流天气。

　　下面我们将利用两根蜡烛来观察空气的对流现象。

我们可以一边洗桑拿浴，一边跳集体舞了！

探索主题

空气对流

提出假说

热空气上升，冷空气补充进来，形成了空气的对流。

搜集资料

到图书馆或上网查找空气对流、对流天气的相关资料。

实验材料

1 一支温度计

2 两支蜡烛

3 火柴

4 一把椅子

安全提示

使用火柴时要小心，不要烫伤自己或者引燃别的物品。

·实验设计·

蜡烛的火焰会随空气的流动变换方向。两部分不同温度的空气相遇时，把两支蜡烛分别放在相遇面的上端和下端。如果存在空气对流，那么两支蜡烛的火焰方向将相反，而且，上面的火焰方向是热空气流向冷空气的方向，下面的火焰方向是冷空气流向热空气的方向。

·实验程序·

1 选择室内与室外温度相差明显且没有风的一天（比如夏天或冬天某个没有风的日子）做这个实验。

② 用温度计分别测量屋里和屋外的温度，注意测量温度时温度计应该在环境中放足够长的时间，到温度计读数不再变化为止。

③ 将屋门开一条缝，并在屋里的门边放好椅子。用火柴点燃两支蜡烛，一支放在门缝的地面上。

④ 请同伴站在椅子上，举起另一支点燃的蜡烛，将蜡烛置于门缝的上端。

⑤ 观察此时两支蜡烛的火焰方向。

⑥ 将门关闭后，重复同样的步骤，再观察两支蜡烛的火焰方向。

· 实验数据 · 　　冷热空气及火焰方向

温　度		火焰方向（门开一条缝）		火焰方向（门未开）	
室　内	室　外	上部蜡烛	下部蜡烛	上部蜡烛	下部蜡烛

分析讨论

① 实验时，热空气在室内还是在室外？

② 哪支蜡烛的火焰方向变化是由热空气流动造成的？

③ 为什么两支蜡烛的火焰方向相反？

发散思考

① 想一下，如果是在相反的季节做这个实验，结果会是什么样的？解释原因。

② 有风的时候做这个实验可以吗？为什么？

③ 两支蜡烛都放在门缝的相同位置可以吗？设想一下可能出现的情况。

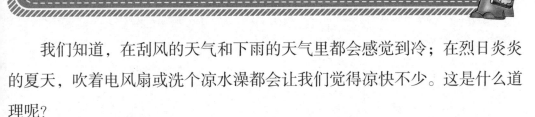

蒸发降温

我们知道，在刮风的天气和下雨的天气里都会感觉到冷；在烈日炎炎的夏天，吹着电风扇或洗个凉水澡都会让我们觉得凉快不少。这是什么道理呢？

原来，水及其他液体都会蒸发，蒸发是液体变成气体的过程。液体在蒸发过程中要吸热，这就造成了温度的降低。吹风可以加快蒸发，所以也可以间接地降温。

我们感到热的时候会出汗，这是生理的自发反应，目的是蒸发降温。如果再吹吹风，温度降得就更快了，我们也就感到更加凉爽了。

下面我们就做个实验，来验证和观察蒸发降温及吹风加快蒸发降温的现象。

·探索主题·
蒸发降温

提出假说

蒸发可以吸热降温，吹风可以加快蒸发，从而使温度降低。

搜集资料

到图书馆或上网查找蒸发、吹风、降温的相关资料。

实验材料

1 一支温度计
2 水
3 酒精
4 两团药棉
5 一台电风扇

安全提示

千万不要把手指伸进电风扇扇叶间，极危险！

·实验设计·

温度降低时，温度计的读数有变化，而且温度降得越快，温度计读数的变化也越快。酒精比水蒸发得快，空气流动也可以加快蒸发。用电风扇吹温度计；用浸湿水的药棉包住温度计水银柱下端的小球，然后再用电风扇吹；把水换成酒精再试一次。比较温度计读数的三次变化，就可以观察到蒸发降温、吹风降温的现象了。

·实验程序·

1 记录温度计的读数。
2 打开电风扇，将温度计对着风吹几分钟，记录温度计读数的变化。
3 把一团药棉用水浸湿，包住温度计水银柱下端的小圆球，再对着风吹几分钟，记录温度计读数的变化。
4 把另一团药棉用酒精浸湿，包住温度计水银柱下端的小圆球，对着风吹几分钟，记录温度计读数的变化。
注意：尽量使三次吹风的时间长短一致。

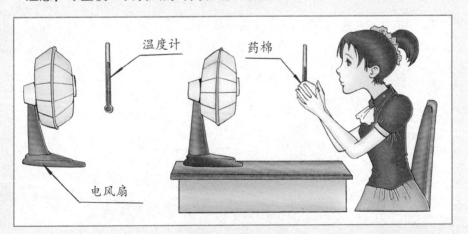

· **实验数据** · 　三种不同情况下温度计的读数

吹风状态	吹风时间（分钟）	温度计读数（℃）		
		吹风前	吹风后	温度差
直接吹风				
湿药棉包住吹风				
酒精棉包住吹风				

分析讨论

❶ 为什么只用风吹温度计时，读数几乎没有变化？

❷ 为什么蘸有液体的药棉包在温度计上时，温度计的读数就降低了？

❸ 用酒精棉包住和用沾水湿透的药棉包住后的温度计被风吹，哪个读数变化快？为什么？

发散思考

❶ 实验时，如果只用蘸有液体的药棉包住温度计，而不用电风扇吹，会有什么结果？为什么？

❷ 电风扇风力的大小会对实验结果有何影响？

❸ 想一想生活中还有什么蒸发吸热或降温的例子。

人工制冷

我国北方的冬天经常下雪。每到下雪及雪后的几天，道路上满是冰雪，如果不及时清理干净，极容易发生交通事故。可是，如果冰雪不融化，清理起来是非常困难的。你知道这个问题是怎么解决的吗？

这时，人们会在冰雪上撒工业盐，然后及时清扫。盐溶液比水溶液的冰点低，也就是说，在相同的温度下，也许水已经结成冰了，可加了盐的溶液却还是液态。人工制冷也是用了这个原理，因为在冰上撒盐会使冰融化，而物质在融化过程中是要吸热的。

下面我们就用人工制冷的原理，在不弄湿手、不倒出水的情况下，把一小块冰从盛有水的碗里捞出来。

冰山

探索主题

人工制冷

搜集资料

到图书馆或上网查找人工制冷、融化、沸（冰）点的相关资料。

提出假说

盐溶液比水溶液的冰点低，撒盐会使冰融化吸热，这就是人工制冷的原理。

实验材料

1. 一只碗
2. 水
3. 一小块冰
4. 一根火柴
5. 食盐

安全提示

取实验所需的冰块时，要用工具，不要直接用手抓。

实验设计

在一碗水里放一小块冰，冰上放一根火柴。在冰上撒少许食盐，冰的表面会渐渐融化，这个融化过程需要消耗热量，会导致火柴棍下面没有接触到食盐的水重新冻结。这样一来火柴棍和冰块就冻结在一起了，提起火柴棍时，就会连冰块一起提起来。

·实验程序·

1. 把一小块冰放进一碗水里。
2. 把一根火柴放在冰块上。
3. 在冰块上撒些盐，注意不要撒到水里去。
4. 等冰块表面重新结冰时，向上提火柴棍，冰块也就跟着被提起来了。

·**实验数据**· 两种条件下冰块表面的现象

操作步骤	撒 盐 前	刚 撒 盐	撒盐一段时间后
冰块情况			

分析讨论

1 撒盐后冻结的冰块表面会有什么现象？为什么？

2 为什么融化了的冰块表面后来又重新冻结了？

3 冰块表面的融化和重新冻结各用了多长时间？

发散思考

1 有没有其他的东西可以取代实验中的食盐？

2 在实验中，为什么要特别注意不把食盐撒到水里去？

3 在现实生活中，人工制冷有什么用途？

种子的养分

生命最重要的特征是它们能繁衍后代。在植物界，有三种繁衍后代的方式：一种是营养繁殖，一种是无性繁殖，还有一种是有性生殖。利用种子繁衍下一代是有性生殖的一种，对能够产生种子的植物来说（这种植物被称为种子植物），种子是它们重要的繁殖器官。

不同植物的种子在大小、形状上有较大的差别。大的如椰子的种子，呈球体，直径为15～20厘米；小的如常见的油菜、芝麻的种子。种子的形状也各不相同，有水滴形、圆球形、椭圆形等。虽然种子在大小、形状上千差万别，但种子的结构一般来说都包括胚、胚乳和种皮三部分。

胚乳是种子储存养分的地方。种子萌发的过程中需要消耗胚乳中的养分，将其转变成自身发育所需的物质。种子中所含养分随植物种类而异，但基本上是糖类（淀粉）、油脂和蛋白质，以及少量的无机盐等，下面我们通过一系列的小实验来验证一下种子的养分。

种子里胚轴的顶端有胚芽。种子植入土壤并吸收水分后，会开始膨胀，种皮裂开，新植物从中长出。

探索主题

构成种子的基本养分

提出假说

无机盐、淀粉、蛋白质和脂类构成植物种子的基本养分。

搜集资料

查找资料：不同植物的种子作为食物为人类提供了哪些营养成分。

实验材料

1 一粒花生

2 一粒蚕豆

3 十几克面粉和少许水

4 一张白纸

5 酒精灯

6 一根较长的细铁丝

7 纱布（要能包裹住小面团）

8 一把钳子

实验设计

利用植物种子所含养分的特殊性质，鉴定植物种子中所含的成分。

实验程序

① 种子中无机盐的鉴定

将新鲜蚕豆种子穿在细铁丝的一端，然后放在酒精灯上灼烧。注意，要用钳子夹住铁丝的另一端，以免在加热过程中烫伤手。观察蚕豆种子逐渐变为灰色，继续燃烧使种子变为灰白色，这种燃烧所剩的白色灰烬便是植物种子中所含的无机盐。

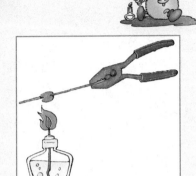

② 种子中淀粉和蛋白质的鉴定

取十几克面粉加水，和成小面团，然后用纱布包裹，放在水中连续揉搓，一段时间后会发现水变成了乳白色，再向此乳白色水中滴加碘酒，会发现液体变成了蓝色。这个变化让我们知道由小麦种子磨成的面粉中含有淀粉（淀粉遇到碘酒会变蓝）。而纱布中所剩的淡黄色、发黏的胶状物就是蛋白质。

③ 种子中脂类的鉴定

将半粒花生的种子放在白纸上，用指甲盖挤压，会发现纸上留有透明的油迹，这说明种子中含有脂类。

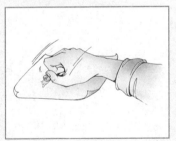

· 实验数据 ·　　三种植物的基本成分

实　验	蚕　豆	面　粉	花　生
现　象			
所含物质			

分析讨论

通过以上几个小实验，我们知道了植物种子所含的基本营养成分。虽然构成种子的基本成分一样，但不同的植物种子中所含营养成分的比例不同，人类利用它们的方式也不同。试着比较一下玉米、甘蔗、芝麻、大豆所含营养成分的不同。

发散思考

① 你知道人类利用了小麦和花生各自含有什么养分多的特点吗？

② 植物种子中富含的营养物质对植物本身有何意义？

从小数到大数

在生活中往往存在这样的情况：对于小数目人们都不太在乎，可是对于大数目马上变得很认真。于是有人利用这种心理，利用奇妙的数学知识，从一个不被人注意的小数目开始，过渡到一个让人吃惊的大数目。下面的游戏就告诉了我们这一点。

徒孙，你师爷一生的时间全部用于摆弄金叶，可毫无结果。等师爷圆寂后，就拜托你了……

課本裡學不到的瘋狂科學實驗

探索主題
等比數列

游戲與問題

我們可能都聽說過有個國王獎賞象棋大師的故事。象棋大師要求的獎品是在棋盤的第一個方格上放上 1 粒麥子，後面每個方格上所放麥子的數目是前面的兩倍，直到把棋盤的 64 個方格放滿。你可以拿米粒來試試看，到了第 11 個方格的時候，你應該放上多少粒米？最後一個方格應該放上多少？

另外一個從小數變成大數的故事叫作《搬金葉》。有三根帶有底座的金針，其中一根上面放有 64 片金葉，最下面的金葉最大，往上依次減小。要求把第二根金針作為過渡，把這 64 片金葉挪到第三根金針上面，移動的過程中始終要保持小的金葉在上面，大的在下面。問題是一共需要移動多少次金葉？

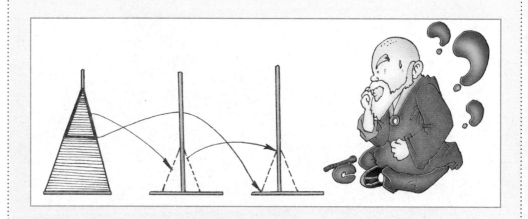

62

尝试探索

　　当你向棋盘上放米粒的时候，进行简单的乘法计算可以知道，从第一格开始，依次向后，所放进的米粒依次为：1、2、4、8、16、32、64、128、256、512、1024、2048、4096等。虽然每一次只是前面的两倍，但是增加的数目越来越多！到了最后一格，一定是一个天文数字。

　　对于移动金叶的问题，你可以试试移动很小数目金叶的情况：移动1片金叶只需要1次，移动2片就需要3次，3片呢？是7次……

分析讨论

　　怎样表示棋盘上各个方格应该放上的米粒数目？总和又是多少？

　　对于这个问题，还是比较容易回答的。第一个方格里面是1粒，就是2的0次方，以后每一个方格里面再乘以2，也就是多一次方，即2的1次方。依此类推，最后一个方格是2^{63}颗米粒，已经比该王国所有的米粒还多了很多倍！

　　像这样的一个序列的数字，是典型的从小数变成大数的例子。后一个数是前一个的固定倍数（这里是2倍），这样的一列数被称为等比数列。对于它们的求和可以推导出通用的公式。我们可以求出棋盘上一共应该放上2^{64}减去1颗米粒，实在是太庞大的数目！

　　对于移动金叶的问题，我们只给出一种数学归纳法似的思想：如果一共有x（x大于2）片金叶的话，我们先把$x-1$片金叶移到另外一根针上，然后把最后一片移到第三根针上，再把前面的$x-1$片金叶移到第三根上。这样，每多一片金叶，移动次数就比原来的2倍还多1次。

发散思考

1 怎样推导出等比数列的求和公式？

2 怎样表示出金叶的数目和移动次数的关系？

你知道吗？

空气成分的发现史

搬完全部64片金叶的移动次数是$2^{64}-1$次，如果每秒钟搬一次，就大约需要5800亿年，这个数字大大超过科学家预言的整个太阳系存在的时间！

加加减减的智慧

　　数学学科发展到今天，出现了很多比较高深的计算工具，其中有些并不容易理解和接受。但是一切数学工具的基础都是加减乘除，而加法和减法是最基础的运算。在日常生活里，对于加加减减的运用也很考验一个人的智慧。不信？做做下面的小游戏试试！

加减法我从来不用计算器。

·探索主题·

分装游戏

游戏与问题

与这个游戏有关的一个故事是这样的：诚实的约翰经常说："我卖的牛奶分量很准，绝对不会错。"有一天，两个妇女分别要买2千克的牛奶，约翰有点为难了。因为其中一个妇女带了个5千克的罐子，另一个妇女的罐子则是4千克的，而约翰这时只有两个各装满了10千克牛奶的桶。约翰没有任何计量器具，他怎样才能准确地给这两个妇女各倒2千克的牛奶呢？

显然，这个问题只有一种手段可以使用，也就运用数字的加法减法。你想出办法了吗？

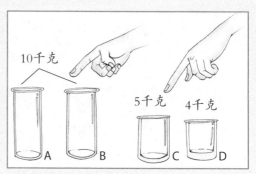

·实验程序·

让我们动手来做一做：如果可以的话，你可以找出几支试管：两支10毫升的、一支5毫升的、一支4毫升的，或是做出几个容积比为10：10：5：4的小塑料杯也可以，对应标号分别为A、B、C、D。先把A和B中装满水。显然一开始只能从A或B向C或D中灌水，每次只执行一步操作。为了叙述方便，后面我们略去单位。比如首先从A倒水灌满C，此时A、C中都是5，不能再从C到A，这样就重复了，只能从C倒入D或者从A倒入D，但是如果是A向D灌水，这样得到A、C、D分别是1，5，4，C、D是满的，下一步操作又会造成和以前重复的局面，所以只能执行从C到D灌水的操作。

这样逐步做下去，就会得到约翰想要的答案了。约翰的两个牛奶桶分别用A和B来代表。约翰的操作方法如下：

用桶A的牛奶灌满5千克的罐。

用5千克的罐中的牛奶倒满4千克的罐，因而在5千克罐中剩下1千克牛奶。

将4千克罐中的牛奶全部倒回桶A。将5千克罐中的那1千克牛奶倒入4千克的罐中。

再用桶A的牛奶灌满5千克的罐。

用5千克的罐中的牛奶灌满4千克的罐，这样留在5千克罐内的牛奶正好是2千克。

将4千克罐中的牛奶全部到回桶A。用桶B中的牛奶灌满4千克的罐。

将4千克的罐中的牛奶倒一部分给桶A，直到桶A满为止。于是，在4千克罐内正好剩2千克的牛奶。

现在，两个妇女手中的罐内都有2千克牛奶，桶A是满的，桶B少了4千克牛奶。

分析讨论

我们用表格方式描述这一过程如下：

A（10千克）	B（10千克）	C（5千克）	D（4千克）	操　作
10	10	0	0	初　始
5	10	5	0	A→C
5	10	1	4	C→D

续表

A（10千克）	B（10千克）	C（5千克）	D（4千克）	操作
9	10	1	0	D→A
9	10	0	1	C→D
4	10	5	1	A→C
4	10	2	4	C→D
8	10	2	0	D→A
8	6	2	4	B→D
10	6	2	2	D→A

表格的第一行表示各个容器的初始状态，以后各行表示进行一次操作后各个容器的状态。

得到正确解决方案的关键是什么？是向着目标并且保证每一次操作不会回到已出现过的状态！用表格来表示整个过程，就会显得井井有条了。记住，好方法可以更快得到正确的结果！

发散思考

① 如果两个妇女分别想要1千克和2千克的牛奶，有没有办法？

② 要是她们分别想要2千克和3千克牛奶呢？

巧妙的取胜方法

　　下面的两个小游戏是运用博弈论的简单例子。博弈论又叫对策论，就好比两个人下棋，互相观察对方的行动并采取自己的行动，争取获胜。这是对抗性的、动态的智力比试，往往事先无法判定胜负，充满了趣味。不过，也有例外的情况，让我们快快来学习一下吧！

探索主题

博弈与对策

游戏与问题

齐威王

第一个游戏是一个故事：战国时期，齐威王与大将田忌赛马，齐威王和田忌各有三种马：上马、中马与下马。比赛分三次进行，以千金作赌注。由于两人的马相差无几，而齐威王的马分别比田忌的相应等级的马要好，所以一般人都以为田忌必输无疑。如果你是田忌，你该怎么办？

第二个游戏是数字游戏：两人轮流报数，报出的数不能超过8（也不能是0），把两个人轮流报出的数求和，谁报数后使总和为88，谁就获胜。如果让你先报数，你要怎样做才能获胜？

田忌

尝试探索

对于第一个游戏的情况，田忌显然不能始终和齐威王用同一等级的马比赛，这样一定会全盘皆输，虽然同一等级的不行，但是如果和下一等级的比赛会赢。对不对？

对于第二个游戏的情况，在给定的条件下，第一个人报了一个数，第二个人一定可以报出一个使两个数的和为9的数。要想取胜，必须保证你报完一个数后，前面的数字之和不能与88的差小于9，否则对方就会取胜。再注意到 $88 = 9 \times 9 + 7$，你找到答案了吗？

分析讨论

对于第一个游戏的情况，通过逻辑推理可得出结论：必须变换各个等级的马出场的顺序才有可能取胜。田忌最好的情况也只能赢两场，所以田忌采纳了门客孙膑（著名军事家）的意见，用下马对齐威王的上马，用上马对齐威王的中马，用中马对齐威王的下马，结果田忌以2∶1战胜齐威王得到了千金。这是我国古代运用博弈论思想解决问题的一个范例。

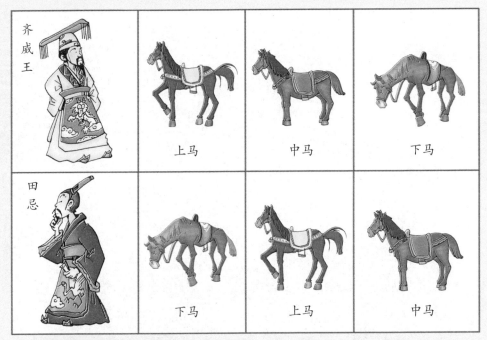

| 齐威王 | 上马 | 中马 | 下马 |
| 田忌 | 下马 | 上马 | 中马 |

对于第二个游戏的情况，因为每人每次至少报1，最多报8，所以当某人报数之后，另一人必能找到一个数，使此数与某人所报的数之和为9。依照规则，谁报数后使和为88，谁就获胜，于是可推知，谁报数后能使和为79（=88-9），谁就获胜。88=9×9+7，依此类推，谁报数后使和为16，谁就获胜。进一步，谁先报7，谁就获胜。于是得出先报者的取胜对策为：先报7，以后若对方报K（1≤K≤8），你就报9-K。这样一来，当你报第10个数的时候，就会取得胜利！

发散思考

① 如果在赛马时，齐威王也根据田忌的变化而采取变化，结果
会怎么样？

② 如果在报数游戏中，要求在总和达到81时取胜，那么先报数
能够取胜还是后报数能够取胜？

方形轮能滚动吗？

车轮滚滚，马蹄扬尘。从古代的马车木轮，到现代的橡胶轮、火车钢轮，你见过的一定都是圆轮，为什么呢？因为圆轮滚动时摩擦较小，需要的动力较小。还因为圆心到周边的距离相等，车子在平坦的路面运动时，重心（轴心）高度不变，因而比较平稳，除非路不平时会有一些颠簸。但创造往往来源于奇思妙想！你见过方形的车轮吗？你想过怎样在不平的道路上行车吗？

方形的轮子也可以骑吗？

探索主题

方形轮的滚动

提出假说

方形轮的轴心到轮的每个支撑点的距离不同，在高低不同的路面上，它们可以互补，使重心（轴心）的高度不变。圆形轮对直路，方形轮对曲路（曲直相配）。轨道上每个弧的形状是悬链线，弧的长度正好等于方轮的边长，当方形轮滚动时，其重心总是在接触点的上方，轮子总是平衡的，所以它的重心保持在相同的高度。因此只需很小的推力就能使它滚动，就像圆筒在平面上滚动一样。

搜集资料

到图书馆或上网查找有关方形轮及稳定平衡的资料。

实验材料

1. 三块木板
2. 木胶
3. 木轴
4. 钻孔工具
5. 方形轮和轨道的制作样板

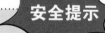

安全提示

1. 请木工帮助。
2. 须在成人的监护下使用钻孔工具。

实验设计

　　方形轮在悬链线形状（如同路边的两个隔离柱之间的铁链）的轨道上运动，观察其平稳度。轨道由表面形状为倒悬链线的啮合块组成，啮合块的弯曲程度由悬链曲线决定。当方形轮在合适的倒悬链线啮合块轨道上做无滑动滚动时，轨道的起伏与方形轮引起的重心高度的变化相抵消，方形轮的重心始终保持在同一高度。因此，方形轮"滚"动起来几乎与圆轮沿平面滚动一样。

实验程序

1. 取两块木板，滴几滴木胶将木板对粘在一起。
2. 放大方形轮和轨道的制作样板，在木板上画上方形轮和轨道的曲线。
3. 请木工沿曲线锯成呈悬链曲线的轨道和方形轮，粘在一起的木块分开即是两套完全相同的方形轮和轨道。
4. 在每个方形轮的中心钻一个小孔，并把它们胶合在一根木轴的两端。
5. 将两个轨道胶合在另一块木板上，并使其间距等于方形轮的间距。

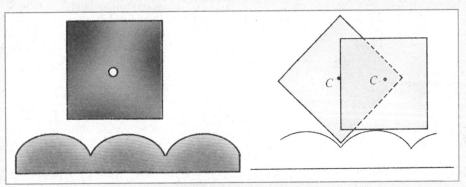

方形轮与轨道制作样板

6 把方形轮放在轨道一端的斜面上，然后向前推动方形轮使其滚动。观察方形轮是否沿轨道平稳地滚动，其车轴的高度是否保持不变。

7 将方形轮在轨道的一个弧形顶部平衡放置，然后轻轻拨动它，观察方形轮是否将在新的位置静止，而不会摇晃。

· 实验数据 ·   方形轮的滚动

观察现象	观察结果
方形轮是否平稳滚动	
车轴高度是否变化	
方形轮是否能停在任何位置不摇晃	

分析讨论

1 为什么要求悬链线滚动的弧的长度正好等于方形轮的边长？

2 方形轮与圆轮相比有什么缺点？

发散思考

1 还有别的形状的轮子吗？

2 除了减震装置，还有什么办法能削弱路面不平的颠簸？

你知道吗？

悬链线与抛物线

　　一根自由悬挂着的链子，形成了一条被称为悬链线的曲线。该曲线看起来很像一条抛物线。当把重物系在悬链线等间隔的地方，链就变成了抛物曲线。当在悬链上安置垂直的吊柱时，便形成了抛物线。

你敢这样想吗？

　　你听说过爱迪生孵小鸡、李时珍尝百草吗？你听说过有一位女科学家为了研究大猩猩，独自和大猩猩在一起生活吗？科学有的时候需要冒险，要敢于实践。可有时，大胆的想法比实践更重要，因为思想指导行动嘛！没有上天入地的想法，人类不可能遨游太空，飞向月球；没有想偷懒的想法，智能机器人也不会诞生。

伽利略就是一位敢于大胆设想的科学家。

在伽利略之前，人类对生活经验缺乏科学的分析。例如认为用力推车，车子才能前进，停止用力，车子就会停下来。古希腊的哲学家亚里士多德根据人们的观念提出：必须有力作用在物体上，物体才能运动，即力是维持物体运动所不可缺少的。这种认识一直延续了2000多年！直到伽利略推翻它！你敢这样想吗？敢于推翻2000多年的定论吗？当然，伽利略可不是凭空设想的，他有一个以可靠的事实为基础的理想实验。来吧，让我们当一回伽利略！

探索主题

运动和力的关系

搜集资料

到图书馆或上网查找物理学史中有关运动和力、牛顿第一定律的资料。

提出假说

在水平面上运动的物体之所以会停下来，是因为运动的物体受到了摩擦阻力。如果在一个摩擦力为零的水平面上，没有使物体加速或减速的原因，物体就会保持自己的速度不变。

实验材料

1 两个平滑的斜面　　3 米尺

2 一个小球　　　　　4 量角器

· 实验设计 ·

　　两个对接的光滑斜面，让静止的小球沿一个斜面滚下来，小球将滚向另一个斜面。如果没有摩擦力（理想情况），小球将上升到原静止时的高度。减小第二个斜面的倾角，小球要通过更长的距离达到原高度。继续下去，当第二个斜面呈水平面时，小球不可能达到原高度，就会一直运动下去。如下图所示。

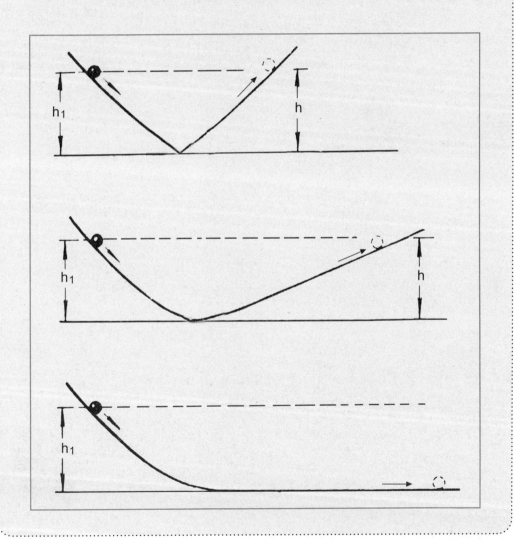

实验程序

1. 把两个斜面对接起来，支起相同的角度，用量角器测量，记录结果。
2. 在第一斜面找一固定高度，用米尺测其高度h_1,让小球每次在同一高度释放。
3. 观察小球滚向另一个斜面的情况。在小球上升到的地方做记号。用米尺测其高h，斜面的长L。比较h_1和h。
4. 减小第二个斜面的倾角，重复实验。测其高h，斜面的长L。比较h和h_1。继续改变倾角，重复实验。比较L的变化。
5. 当第二个斜面呈水平面时，观察小球是不是会一直运动下去（尽可能）。

· 实验数据 ·   运动和力的关系

$h_1=$

倾 角	h	L

分析讨论

1. 为什么每次小球要从同一高度处释放？
2. 随着倾角的减小，h和L如何变化？为什么？
3. 根据实验结论，你能证明什么理论？运动一定需要力来维持吗？

喷雾器

给鲜花喷水或熨烫衣物喷水都离不开喷雾器。你也许会说，这其中的道理当然与大气压有关。但你知道为什么喷雾的速度会比平常的气流快吗？掌握了其中的科学原理，你也能利用废物自制一只简易喷雾器。做一做，让你的妈妈大吃一惊！

有了大气压，你们就可以快乐地旅行了！

探索主题

伯努利原理、大气压

提出假说

根据伯努利原理，在水平笔杆的一端吹气，竖直笔杆口会形成一股高速气流，气流速度越大，局部压强越小，杯内的水受大气压的作用，会自动上来，这股水流在遇到水平笔杆吹出的气流后会被打散，形成雾状小水滴并飞散开。

搜集资料

到图书馆或上网查找伯努利原理、大气压等相关资料。

安全提示

1 将笔杆洗净，注意卫生。

2 做支架时，注意手的防护（请成人监护和协助）。

3 不要对着人吹，防止喷射到眼睛里。

实验材料

1 两支圆珠笔笔杆（要有尖嘴的）

2 白铁皮一块

3 剪刀、老虎钳

4 水、带盖的水杯（有塑料盖最好）

实验设计

用两个出口互相垂直的笔杆和一杯水做一个喷雾器。

· 实验程序 ·

1. 取一块白铁皮，使用剪刀、老虎钳做一个支架。

2. 取两支圆珠笔笔杆，用支架固定（没有支架，用两手各拿一支笔杆也可），使它们的尖嘴相触，杆身呈90°（如下图所示）。

3. 取一个带盖的水杯，在盖子上打两个孔，把一支笔杆插入其中一个孔，深度可上下调节，另一个孔为进气孔。

4. 给水杯装水，盖上盖子，在水平笔杆的一端吹气，观察出水情况。

5. 调节竖直笔杆在水中的深度，再次吹气，比较出水情况和吹气的难易程度。

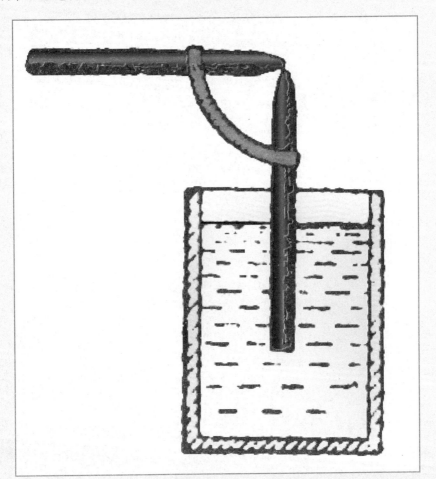

·实验数据· 大气压实验

水面到竖直笔杆口的距离	出 水 情 况	难 易 程 度
3厘米		
4厘米		
5厘米		

分析讨论

❶ 为什么选有尖嘴的笔杆?

❷ 为什么管口到水面的距离越近,越容易喷出雾状水滴?

发散思考

不用别的工具,只用一桶水、一段软胶管,在不弄湿手的前提下,你能将桶里的水洒向四周吗?

气垫盘

气垫技术是利用高压气体的反冲力支撑物体，使运载工具升离水面和地面的方法。气垫船、气垫车等都应用了这一原理。气垫效应极大地减少了运载工具与支撑面之间的摩擦。实验室中的气垫导轨也是根据这一原理制作的，它由空腔导轨、滑块、挡光条、光电门等组成。在空腔导轨的两个工作面上均匀分布着一定数量的小孔，向导轨空腔内不断输入压缩空气，压缩空气会从小孔中喷出，使滑块稳定地漂浮在导轨上，这样就大大减少了力学实验中由摩擦引起的误差。下面让我们动手做一个有趣的气垫盘。

85

·探索主题·

气垫盘

搜集资料

到图书馆或上网查找气垫的相关资料。

提出假说

根据力的相互作用，向下的高压气体的反冲力可以支撑物体，使物体离开支持面。

实验材料

1 一个直径约10厘米、平整光滑、中心有孔的金属盘（废旧光盘也行）

2 气球

3 吸管（直径3毫米）

4 胶带

5 环氧树脂

安全提示

吹气球时小心气球爆裂！

·实验设计·

用气球提供气体，支撑起中心有孔的金属盘，进而制作气垫盘。

· 实验程序 ·

1️⃣ 取一个直径约10厘米、平整光滑、中心有孔的金属盘（废旧光盘也行），将一小节吸管用环氧树脂和胶带固定在盘的中心。

2️⃣ 将气球套在吸管上，用胶带密封好（用小嘴气球）。

3️⃣ 拿住吸管，往气球里吹气，把气球吹大后，用手捏紧气球口。

4️⃣ 把气垫盘正放在平滑的桌面或玻璃上（平滑地板也可以）。

5️⃣ 松手释放气球，观察气垫盘的运动情况（若桌面稍有倾斜，它将沿倾斜方向滑动，遇物弹回）。

6️⃣ 再做一个碰碰盘的游戏：找几个同学，一人做一个气垫盘并吹足气，在平地上（或桌子上）同时释放，观察它们如何相互碰撞。

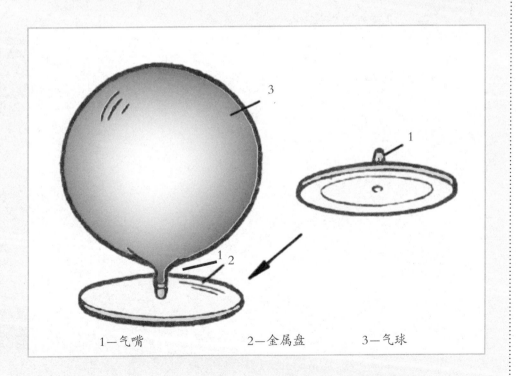

1—气嘴　　　　　2—金属盘　　　3—气球

·实验数据·　　　　气垫盘实验

气垫盘	盘直径	气球大小	喷气孔大小	气垫效果
1				
2				

分析讨论

❶ 为什么气球能提供气流让金属盘悬浮？

❷ 喷气口过小或过大有什么不好？

❸ 金属盘为什么要光滑、平整？

发散思考

❶ 用干冰（固体二氧化碳，常温下升华为二氧化碳气体）代替空气填充气球可以吗？

❷ 气垫与磁悬浮有什么异同点？

怎么也碰不到

　　你听说过"强弩之末，力不能穿鲁缟"这句话吗？说的是很有力量的弓射出的箭，到了最后力量弱得连鲁地的缟（极薄的白绢）都穿不透，比喻很强的力量到最后也会变弱。生活中总有些人和事，看起来气势汹汹，实际上已是"强弩之末"，我们不必害怕。下面这个蕴涵着物理原理的游戏你可以研究研究，用来试试同伴的胆量，不过不要做小动作哟！

我等你两个小时了，如果再射不到我的话，我就回家了。

·探索主题·

机械能守恒定律

搜集资料

到图书馆或上网查找有关机械能守恒定律的资料。

提出假说

机械能包括动能和势能，在势能和动能相互转变的过程中，如果没有摩擦力和介质的阻力存在，也没有外力做功（给它能量），则总的机械能保持不变。

实验材料

1. 一个塑料瓶
2. 一根尼龙绳
3. 一个天花板吊钩
4. 水

安全提示

1. 只能释放瓶子，不能给瓶子一个初速度，防止摆回时砸着鼻子，不能开这样的玩笑。
2. 需有成人协助和监督。

·实验设计·

把一瓶水用绳子悬挂在天花板上，拉起后释放，让其从受试者面前摆开，观察返回时是否会砸到受试者（谨记安全提示）。

实验程序

1. 把空塑料瓶用尼龙绳悬挂在天花板上，要求瓶子在拉开时距受试者鼻尖10厘米左右（如下图所示）。

2. 装入少量清水，增加其重量。

3. 让同伴站好，最好紧贴墙壁站好。

4. 拉开塑料瓶，让瓶底距同伴鼻尖10厘米（间距可以远一点儿，练习几次再稍微移近，也可以让同伴自己操作），释放瓶子。

5. 观察塑料瓶来回摆动一个周期后是否会撞到鼻子。

6. 轮流试试。

7. 观察塑料瓶的摆动情况，看看幅度是否有变化。

8. 增加水量，重复实验。

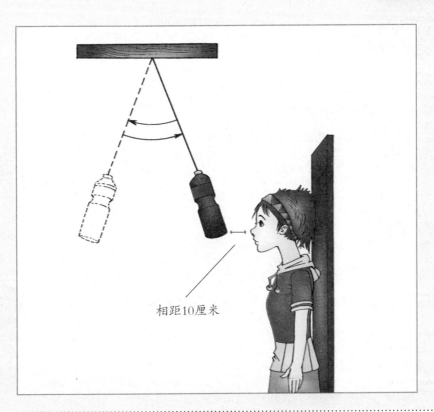

相距10厘米

·实验数据· 机械能守恒定律实验

表1

受试者	是否逃离	是否碰鼻
1		
2		
3		
4		

表2

塑料瓶的水量	摆动情况
比一半少	
一半	
比一半多	

分析讨论

1. 实验中有碰到鼻子的现象吗？

2. 塑料瓶摆动幅度是不是越来越小？为什么？

3. 塑料瓶中的水量影响其自身的摆动吗？

4. 塑料瓶什么时候摆动得最快？

发散思考

1. 荡秋千时怎样越荡越高？什么时候容易让它停下？

2. 你玩过"悠悠球"吗？试着分析它的能量转变情况。